Sieglinde Holl

Federvieh im neuen Kleid

Fetzige Fensterbilder aus Tonkarton

frechverlag

Von der bekannten Autorin Sieglinde Holl sind im frechverlag viele weitere Bücher mit tollen Ideen erschienen. Hier eine Auswahl:

TOPP 2065

TOPP 2231

TOPP 2134

TOPP 1871

TOPP 2175

TOPP 2301

Dieses Buch enthält:
1,5 Vorlagenbogen

Zeichnungen: Richard Knecht

Fotos: frechverlag GmbH + Co. Druck KG, 70499 Stuttgart; Fotostudio Ullrich & Co., Renningen

Auflage:	5.	4.	3.	2.	1.	Letzte Zahlen
Jahr:	2002	2001	2000	1999	98	maßgebend

frechverlag GmbH + Co. Druck KG, 70499 Stuttgart

ISBN 3-7724-2312-4 · Best.-Nr. 2312

Druck: frechverlag GmbH + Co. Druck KG, 70499 Stuttgart

Gackernde Hühner, schnatternde Gänse und Enten - kurzum: das liebe Federvieh ist als Fensterbild aus Tonkarton nicht mehr wegzudenken.

In dem vorliegenden Buch finden Sie diese freundlichen Gesellen im neuen Federkleid: als Koch, Matrose oder Gärtner, gepunktet und gestreift. Und das Beste: alle sind in leuchtenden, aktuellen Farben gefertigt.

Suchen Sie sich einfach Ihr Lieblings-Federvieh aus, und erwecken Sie dieses mit Tonkarton, Schere und Klebstoff zu neuem Leben. Dann geht auch an Ihrer Scheibe die Post ab!

Dabei wünsche ich Ihnen viel Freude

Ihre
Sieglinde Holl

Material und Werkzeug

Damit auch Ihre Scheibe zum Laufsteg für die hier versammelten Enten, Hühner und Gänse wird, benötigen Sie:

- *Tonkarton in verschiedenen Farben*
- *Transparentpapier zum Übertragen der Motive*
- *Bleistift*
- *Filzstifte in verschiedenen Farben*
- *Buntstift in Hellblau*
- *Lackstift in Weiß für das Augenlicht*
- *Cuttermesser mit geeigneter Schneideunterlage*
- *Schere*
- *Kreisschablone (bei Bedarf)*
- *Bürotacker*
- *Bürolocher*
- *Locheisen (bei Bedarf)*
- *Bastelkleber*
- *Doppelseitiges Klebeband*
- *Kreppklebeband*

Als Schneideunterlage verwenden Sie am besten einen dicken Pappkarton, eine Glasscheibe (aus einem alten Bilderrahmen), ein altes Stück Linoleum (Bodenbelagrest) oder eine im Handel erhältliche, spezielle Schneideunterlage.

So entsteht das fesche Federvieh

Motiv übertragen

Suchen Sie sich Ihr Lieblingsmotiv aus. Legen Sie Transparentpapier auf die gewünschte Vorlage (siehe beiliegende Bogen), und pausen Sie die Einzelteile mit Hilfe eines Bleistifts ohne Überschneidungen ab (Foto 1).

Sie können die Tiere auf dem Vorlagenbogen auch fotokopieren. Denken Sie daran, daß Sie bei Überschneidungen der Motivteile mehrere Kopien benötigen. Mit dieser Methode ersparen Sie sich das Übertragen der jeweiligen Motivteile.

Das Transparentpapier bzw. die Kopien werden mit doppelseitigem Klebeband jeweils auf das gewünschte Material geklebt (außerhalb des Motivs). So vermeiden Sie Pauslinien auf dem Tonkarton (Foto 2).

Schablonen verwenden

Wenn Sie ein Tier mehrfach fertigen möchten, empfiehlt es sich, von den Einzelteilen des gewünschten Motivs Schablonen anzufertigen. Dafür übertragen Sie die Teile auf festen Tonkarton und schneiden die Konturen exakt nach. Das sind Ihre Schablonen. Diese werden auf den farblich gewünschten Tonkarton gelegt. Indem Sie nun die Schablonen mit einem spitzen Bleistift umfahren, übertragen Sie das Motiv.

Motivteile ausschneiden

Nun werden die Konturen mit dem Cutter exakt nachgeschnitten (Foto 3). Halten Sie dabei mit einer Hand die Papiere fest, damit sie nicht verrutschen, und vergessen Sie nicht die Schneideunterlage!

Wenn Sie die auf den Tonkarton übertragenen Motivteile mit dem Cutter auf einer Glasplatte ausschneiden, werden die Konturen ganz exakt und glatt. Es ist

aber auch möglich, die Teile auf Linoleum, einem festen Karton oder einer speziellen Schneideunterlage auszuschneiden. Sobald in der Kartonunterlage zu viele Schnittstellen sind, müssen Sie sie auswechseln.
Halten Sie den Cutter wie einen Füllfederhalter, und schneiden Sie locker und zügig drauf los. Arbeiten Sie immer von innen nach außen; erst die Innenschnitte vornehmen, dann folgt die äußere Kontur. Wenn die Schnitte nicht mehr glatt werden, ist die Klinge stumpf; wechseln Sie diese dann aus.
Sie können die Teile natürlich auch mit der Schere ausschneiden. Am besten eignen sich Silhouetten- oder Nagelscheren, mit denen Sie die Rundungen schön herausarbeiten können. Schneiden Sie gleichmäßig langsam, damit möglichst keine Ansatzstellen zu sehen sind.

Tip:

Sie können die Kleinteile, die aufgeklebt werden, auch aus Tonpapier fertigen, da diese keine Stabilität brauchen und sich mit der Schere leichter schneiden lassen.

Motiv fertigstellen

Nachdem Sie alle Motivteile ausgeschnitten haben, können Sie Ihren Federvogel zusammenkleben und bemalen. Orientieren Sie sich dabei an der Vorlage und dem Foto. Nun müssen Sie nur noch geeignetes Plätzchen suchen, an dem Enten, Gänse und Hühner ihr neues Federkleid zur Schau stellen können (Foto 4).

Tip:

Bei einigen Motiven empfiehlt es sich, die Tiere beidseitig zu arbeiten, damit das Fensterbild von beiden Seiten gleich schön aussieht.

1

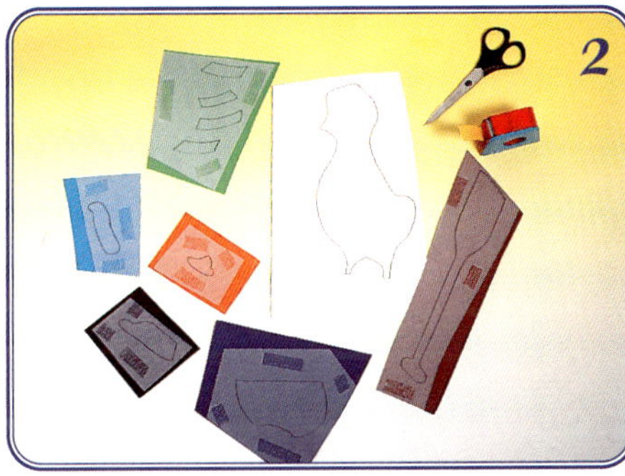
2

3

4

Wo bleibt der Treffer?

(Hühner: ca. 15 cm hoch)

Erwartungsvoll blicken die beiden Fans von Rot-Weiß Eierdorf auf das Nest. Doch die Legehennen treffen einfach nicht. So ein Mist!

- *Tonkarton in Dunkelgrün, Weiß und Rot*
- *Filzstift in Schwarz*
- *Buntstift in Hellblau*
- *Lackstift in Weiß*
- *Klebstoff*

Auf dem grünen Federkleid von Hahn und Henne fixieren Sie jeweils Kamm, Schnabel, Kinnlappen, Auge, Flügel, Flügelstreifen, Schwanzfedern, Halsfedern und Füße mit Klebstoff; ein Fuß wird von hinten am Körper befestigt. Die roten Streifen auf weißem Grund verraten, welche Mannschaft die beiden Hühner unterstützen.

Nun malen Sie noch das Auge, die Wange und die Schnabelteilung mit schwarzem Filzstift auf. Das Augenlid wird mit hellblauem Buntstift ergänzt und das Augenlicht mit dem Lackstift. Schon sind die beiden Fans von Rot-Weiß Eierdorf fertig – und an Ihrem Fenster bestimmt ein Volltreffer!

Schau mir in die Augen, Kleines!

(Enten: ca. 20 cm hoch)

- *Tonkarton in Gelb, Blau und Weiß*
- *Filzstift in Schwarz*
- *Buntstift in Hellblau*
- *Lackstift in Weiß*
- *Locheisen*
- *Bürolocher*
- *Klebstoff*

Die kleinen Punkte stanzen Sie am besten mit dem Bürolocher aus, die größeren Punkte mit dem Locheisen. Kleben Sie die Augen, die Schnäbel, die Flügel, die Füße, die Punkte und die anderen Kleinteile auf die Entenkörper.

Danach malen Sie mit schwarzem Filzstift die Augen auf, das Augenlicht wird mit dem Lackstift ergänzt, die Wangen und die Lider mit hellblauem Filzstift. Und schon können sich beide tief in die Augen blicken ...

Und ich sage dir …

(Hühner: ca. 14 cm hoch)

… mir tun die Füße weh. Das nächste Mal bringen mich keine zehn Pferde zum Sommerschlußverkauf.

- *Tonkarton in Blau, Weiß, Orange und Rot*
- *Filzstift in Schwarz*
- *Buntstift in Hellblau*
- *Bürolocher*
- *Klebstoff*

Stanzen Sie am besten mit einem Bürolocher 48 Punkte aus rotem Tonkarton aus. Bekleben Sie das blaue Federkleid mit Kopf, Kamm, Schnabel, Kinnlappen, Flügel, Schwanzfedern und Füßen. Dann wird das Federkleid in klassischem Blau-Weiß mit den roten Punkten aufgepeppt.

Ergänzen Sie das Auge, die Flügelteilung und die Schwanzfedern mit schwarzem Filzstift. Die Wange, das Augenlid und die Flügelteilung werden mit hellblauem Buntstift und das Augenlicht mit weißem Lackstift eingezeichnet.

Nun können Sie die beiden zum Verschnaufen ans Fenster setzen.

Fleißig im Garten

(Hühner: ca. 18 cm hoch)

Was wären Hobbygärtner ohne passenden Freizeitlook?!

- *Tonkarton in Schwarz, Blau, Weiß, Orange, Mittelgrün, Blaugrau, Braun und Gelb*
- *Filzstift in Schwarz*
- *Buntstift in Hellblau*
- *Lackstift in Weiß*
- *Klebstoff*

Zunächst werden der Rechen und der Spaten zusammengesetzt. Dann bekleben Sie das schwarze Kopf-Brustteil der Henne (durchgezogene Linie) mit Kamm, Schnabel, Kinnlappen, Auge, Kopftuch, Schwanzfedern, Kleid, Schürze, Rechen und Flügel, die Füße von vorn ergänzen.
Beim Hahn fixieren Sie auf dem schwarzen Kopf-Brustteil Hut, Hutband, Auge, Schnabel, Kinnlappen, Hose, Spaten, Flügel und Schwanzfedern. Ein Hosenbein wird von hinten an der Hose befestigt, die Füße werden von vorne aufgeklebt.
Nachdem Sie das Auge, die Schnabel- und die Flügelteilung mit Filz- bzw. Buntstift eingezeichnet und das Augenlicht mit dem Lackstift ergänzt haben, können die beiden Gärtner die Arbeit an Ihrem Fenster fortsetzen.

Zeit für ein kleines Nickerchen

(Enten: ca. 19 cm hoch)

Diese beiden Enten haben es sich gemütlich gemacht. Die grünen Streifen und Punkte bilden einen hübschen Kontrast zu den weiß-blauen Körpern.

- *Tonkarton Weiß, Blau und Hellgrün*
- *Filzstift in Schwarz*
- *Buntstift in Hellblau*
- *Lackstift in Weiß*
- *Bürolocher*
- *Locheisen*
- *Klebstoff*

Stanzen Sie am besten mit dem Bürolocher 56 Punkte und mit dem Locheisen 6 Punkte (Durchmesser 8 mm) aus hellgrünem Tonkarton aus.
Bekleben Sie das weiße Federkleid mit Schnabel, Flügel und Füßen.
Der Flügel des Enterichs wird mit Streifen, der Flügel der Ente mit den kleineren Punkten verziert. Die größeren Punkte plazieren Sie auf der Brust des Männchens.
Malen Sie das Auge mit schwarzem Filzstift ein. Das Augenlicht wird mit Lackstift ergänzt. Zum Schluß werden die Wange und das Augenlid mit hellblauem Filzstift aufgemalt. Wie wäre es jetzt mit einem Nickerchen?

Hübsch für die Küche

Abbildung Seite 17
(Gans: ca. 31 cm hoch)

Dieser Hobbykoch legt viel Wert auf ein adrettes Äußeres, denn schließlich ißt das Auge ja mit.

- *Tonkarton in Weiß, Blau, Rot und Orange*
- *Filzstift in Schwarz*
- *Buntstift in Hellblau*
- *Lackstift in Weiß*
- *Bürolocher*
- *Klebstoff*

Kleben Sie Mützenrand, Schnabel, Füße, Kochlöffel, Flügel, Schürzenrand, Schürzentasche und die roten Punkte auf das weiße Federkleid des Gänsekochs. Die Punkte können Sie mit einem Bürolocher ausstanzen.
Dann malen Sie mit dem schwarzen Filzstift Schnabelteilung, Nasenloch, Auge, Fuß- und Flügelteilung auf. Das Augenlicht ergänzen Sie mit weißem Lackstift, Mützenfalten, Wange, Augenlid und Flügelteilung mit hellblauem Buntstift. Und dann nichts wie ans Fenster mit dem Koch, damit jeder in den Genuß dieses Augenschmauses kommt.

Eine Seefahrt, die ist lustig ...

Abbildung Seite 18/19
(Enten: ca. 24 cm hoch)

Diese beiden Enten im flotten Matrosenanzug machen sich nicht nur an einem Bullauge gut – auch an einem herkömmlichen Fenster kommen sie groß heraus.

- *Tonkarton in Weiß, Blau und Orangegelb*
- *Filzstifte in Schwarz und Rot*
- *Buntstift in Hellblau*
- *Lackstift in Weiß*
- *Klebstoff*

Stolz präsentiert sich der Enterich mit Krawatte. Fixieren Sie Mützenrand mit Schild, Schnabel, Kragen, Krawatte, Hose, Flügel mit Ärmelrand und Füße auf seinem weißen Federkleid.
Die Entendame hat sich für eine blau-weiß gestreifte Bluse entschieden. Kleben Sie auf ihr Federkleid Schnabel, Mützenrand, Mützenband, Blusenteil, Flügel mit Streifen und Füße.
Beide Enten bekommen Flügel- bzw. Schwanzteilung, Auge, Nasenloch und Schnabelteilung mit schwarzem Filzstift aufgemalt, das Augenlicht wird mit Lackstift eingezeichnet. Wange, Lid und Schwanzteilung werden mit hellblauem Buntstift ergänzt und die Wangenpunkte mit roten Filzstift aufgemalt. Und schon sorgen die beiden am Fenster für maritimes Flair.

Eine Seefahrt, die ist lustig ...

(Beschreibung Seite 16)

Zwei Küken

Abbildung Seite 21
(Küken: ca. 14 cm hoch)

Sonnengelbe Federn setzen Akzente auf dem weißen Federkleid dieser beiden Küken.

- *Tonkarton in Weiß, Orangerot und Gelb*
- *Filzstift in Schwarz und Rot*
- *Buntstift in Hellblau*
- *Klebstoff*

Übertragen Sie die Einzelteile des Kükens einmal seitenrichtig und einmal seitenverkehrt vom Vorlagenbogen auf den farblich passenden Tonkarton, und schneiden Sie die Teile aus. Bekleben Sie das weiße Federkleid jeweils mit Kamm, Schnabel, Flügel, Fuß und gelben Federn. Malen Sie Auge, Schnabelteilung, Flügelteilung und Wangenpunkte mit dem farblich passenden Stift ein. Das Augenlicht wird mit dem Lackstift aufgetupft. Fertig sind die Kleinen!

Eine prächtige Familie

Abbildung Seite 22/23
(Hühner: ca. 21 cm hoch,
Küken: ca. 9 cm hoch)

Bei Familie Huhn ist Partnerlook angesagt. Mama, Papa und das kleine Küken lieben Blau, Weiß und Grün.

- *Tonkarton in Weiß, Blau, Dunkelgrün, Rot und Orange*
- *Filzstift in Schwarz*
- *Buntstift in Hellblau*
- *Lackstift in Weiß*
- *Klebstoff*

Bekleben Sie Henne, Hahn und Küken mit Schnabel, Kamm, Kinnlappen, Schwanz- und Halsfedern, Flügel und Füßen. Die Augen und die Schnabelteilung werden mit schwarzem Filzstift aufgemalt, die Wangen und das Augenlid mit hellblauem Buntstift. Das Augenlicht wird mit weißem Lackstift eingezeichnet. Sehen die drei nicht fesch aus?

Eine prächtige Familie

(Beschreibung Seite 20)

Beeil dich, wir sind spät dran!

(Gänse: ca. 30 cm hoch)

Was die beiden Graugänse wohl vorhaben? Jedenfalls haben sie sich in Schale geworfen. So machen sie auch am Fenster eine gute Figur.

- *Tonkarton in Grau, Dunkelblau, Königsblau, Orange, Rot und Weiß*
- *Filzstift in Schwarz*
- *Buntstift in Hellblau*
- *Lackstift in Weiß*
- *Klebstoff*

Der Gänserich kommt flott daher. Kleben Sie auf das graue Federkleid zuerst die weißen Hosenstreifen, dann in der genannten Reihenfolge Hemd und Fliege, Flügel, Füße, Schnabel und Auge. Zeichnen Sie mit schwarzem Filzstift Schnabelteilung, Nasenloch, Pupille, Augenlid, die Knöpfe auf der Weste, den Knoten auf der Fliege und die Teilung des Hosenbeines am rechten Fuß ein. Das Augenlid bemalen Sie mit hellblauem Buntstift, das Augenlicht wird mit Lackstift aufgetupft.

Bei der Gans werden zuerst die Punkte, der Schwanz und die Rüschen auf das weiße Kleid geklebt, dann werden von hinten der Kopf, die Hose und die Füße am Kleid befestigt. Schnabel und Auge werden von vorne aufgeklebt. Malen Sie mit dem Filzstift die Schnabelteilung und die Pupille sowie mit dem Lackstift das Augenlicht ein. Jetzt können sich die beiden endlich auf den Weg machen!

Im Jeanslook

(Gänse: ca. 25 cm hoch)

Mode ohne Jeans? Gar nicht mehr vorstellbar. Auch so manche Gans liebt sie heiß und innig.

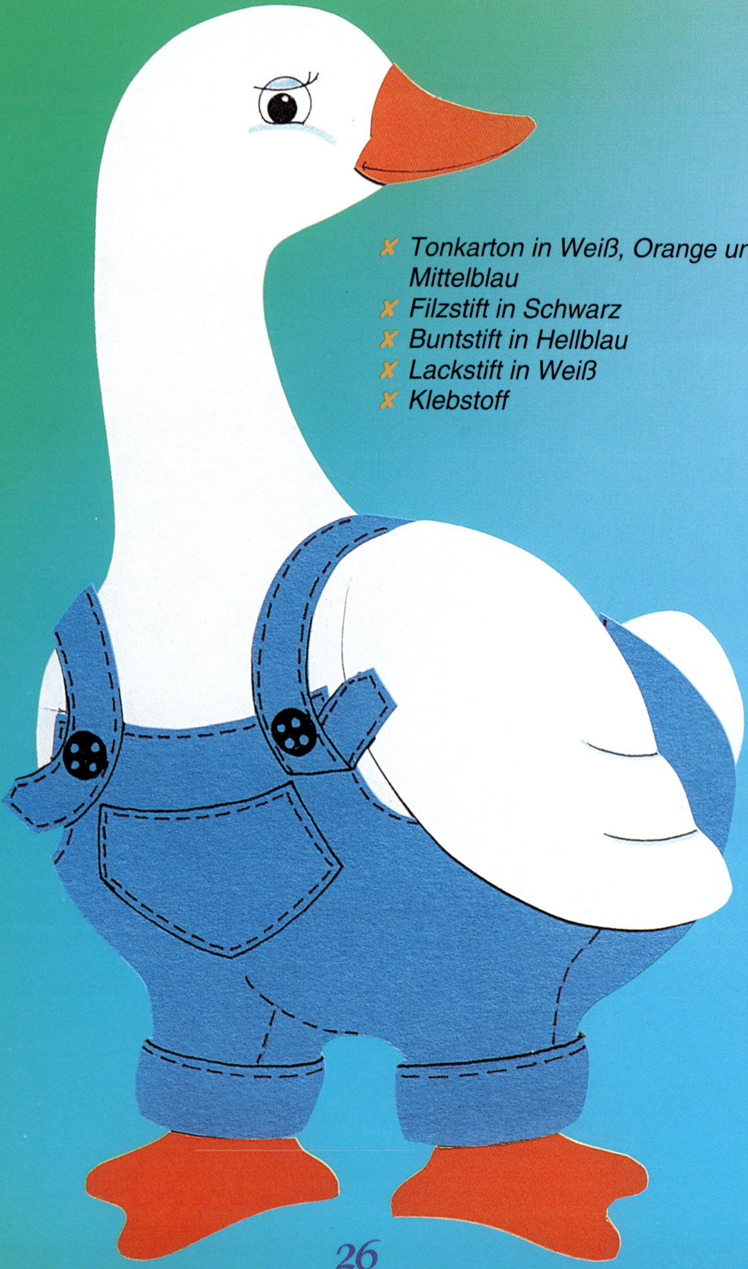

- *Tonkarton in Weiß, Orange und Mittelblau*
- *Filzstift in Schwarz*
- *Buntstift in Hellblau*
- *Lackstift in Weiß*
- *Klebstoff*

Beide Gänse werden auf die gleiche Weise hergestellt. Kleben Sie auf den Kopf den Schnabel, auf das weiße Federkleid die Hose samt Hosenträgern (ein Teil) und den Flügel. Die Füße werden von vorne an den Hosenbeinen befestigt. Zeichnen Sie mit schwarzem Filzstift die Augen, die Schnabel- und die Flügelteilung ein sowie die Knöpfe, die Umschläge, die Brusttasche und die Stepplinien. Das Augenlicht wird mit Lackstift aufgemalt, die Wange und das Augenlid werden mit hellblauem Buntstift ergänzt. Und dann bringen die beiden Gänse auch Ihre Bude auf Vordermann.

Du bist ja auch blau

(Gänse: ca. 25 cm hoch)

- *Tonkarton in Blau, Orange und Weiß*
- *Filzstift in Schwarz*
- *Buntstift in Hellblau*
- *Lackstift in Weiß*
- *Klebstoff*

Blaugans oder Graugans? Das ist hier die Frage. Fixieren Sie jeweils Schnabel, Auge und Füße auf der blauen Gans. Bemalen Sie Schnabel und Auge mit schwarzem Filz- und hellblauem Buntstift. Das Augenlicht wird mit dem Lackstift aufgetupft. Fertig!

Badefreuden

(Gänse: ca. 22 cm hoch)

Ausstaffiert mit Paddel und Schwimmring marschieren die beiden Gänse nicht an den Strand, sondern ans Fenster.

- *Tonkarton in Weiß, Dunkelblau, Hellgrün, Orange, Hellblau, Schwarz, Rot, Weiß meliert und Braun*
- *Filzstift in Schwarz*
- *Buntstift in Hellblau*
- *Klebstoff*

Die sonnenhungrigen Gänse haben nicht nur die Badehose eingepackt. Bekleben Sie zunächst das weiß melierte Federkleid mit Schnabel, Füßen, zweiteiliger Mütze sowie blauem Badeanzug bzw. blauer Badehose. Dann folgen die grünen Streifen.
Beim Enterich wird erst das Paddel auf dem Körper befestigt, bevor der Flügel aufgeklebt wird.
Der Schwimmring mit den roten Streifen wird auf den bereits festgeklebten Flügel der Ente geschoben und deren Mütze schwarz bemalt.
Zeichnen Sie mit Filz- und Buntstift Flügel- und Schnabelteilung ein, bevor Sie das Auge aufmalen. Und dann geht's zum Sonnenbaden ans Fenster.

Zünftig, zünftig ...

(Hühner: ca. 18 cm hoch)

... geht es auf dem Heuboden beim Erntetanz zu. Da wird getanzt, gelacht, und die Hüte fliegen durch die Luft.

- *Tonkarton in Schwarz, Weiß, Orange, Blau, Dunkelrot, Hellbraun, Grün und Grau*
- *Filzstift in Schwarz*
- *Buntstift in Hellblau*
- *Lackstift in Weiß*
- *Klebstoff*

Dieses Pärchen wird ähnlich gearbeitet wie die Gärtner auf Seite 10/11. Fixieren Sie Kamm, Schnabel, Kinnlappen, Auge, Kopftuch, Schwanzfedern, Kleid, Flügel und Füße an dem schwarzen Federkleid der Henne.

Der Hahn erhält Kamm, Auge, Schnabel, Kinnlappen, Schwanzfedern, Hose mit Flicken, Hosenträger und Flügel. Die Füße werden von vorne aufgeklebt. Dann wird der Hut mit dem Band und dem feschen Gamsbart geschmückt. Nachdem Sie Hose und Gamsbart bemalt, Auge, Schnabel- und Flügelteilung mit schwarzem Filz- und hellblauem Buntstift eingezeichnet und das Augenlicht mit Lackstift ergänzt haben, können die beiden ein Tänzchen wagen.